COURS

PROFESSÉS

A L'ÉCOLE DES MINES DE PARIS

PAR

M. J. CALLON

INSPECTEUR GÉNÉRAL DES MINES

PREMIÈRE PARTIE

COURS DE MACHINES

TOME PREMIER

ATLAS

PARIS

DUNOD, ÉDITEUR

LIBRAIRE DES CORPS DES PONTS ET CHAUSSÉES ET DES MINES

49, QUAI DES AUGUSTINS, 49

1873

PARIS. — IMP. SIMON RAÇON ET COMP., RUE D'ERFURTH, 1.

COURS DE MACHINES

TABLE DES FIGURES

CONTENUES DANS LES PLANCHES

NUMÉROS DES PLANCHES	NUMÉROS DES FIGURES	DÉSIGNATION DES FIGURES	NUMÉROS DES PLANCHES	NUMÉROS DES FIGURES	DÉSIGNATION DES FIGURES
I	1 à 7	Notions préliminaires. — *Récepteurs divers pour moteurs animés.*	XIX	93 à 96	D°. — Turbine Fontaine. — Divers systèmes de vannages partiels.
II	8 à 11	*Récepteurs divers pour moteurs animés.*	XX	97 à 101	D°. — Suites des vannages partiels. — Détails sur les pivots. — Turbine Jonval Kœchlin.
III	12 à 15	D°.	XXI	102 à 104	D°. — Détails sur la turbine Kœchlin. — Turbine Canson.
IV	16 à 17	D°.	XXII	105 à 107	D°. — Turbines à injection partielle, à axe vertical ou à axe horizontal. — Roue de Noisiel.
V	18 à 20	Détails divers concernant les manéges.	XXIII	108 à 112	D°. — Turbine à siphon. — Nettoyage automatique des turbines. — Roue de Segner ou roue à réaction — Roue à trompe ou à cuillers.
VI	21 à 30	*Hydraulique.* — Écoulement de l'eau par des orifices.	XXIV	113 et 114	*Récepteurs hydrauliques divers.* — Balances d'eau. — Machines à colonne d'eau à simple effet.
VII	51 à 58	D°. — Écoulement de l'eau dans des tuyaux.	XXV	115 à 120	D°. — Détails divers sur la distribution dans les machines à colonne d'eau.
VIII	59 à 53	D°. — Écoulement de l'eau dans des canaux à régime constant ou permanent.	XXVI	121 et 122	D°. — Types de machines à colonne d'eau à double effet.
IX	54 à 60	D°. — Procédés divers de jaugeage.	XXVII	123 à 125	D°. — Accumulateurs d'Armstrong. — Appareils mus par ces accumulateurs.
X	61 à 62	*Roues hydrauliques à axe horizontal.* — Roue à augets.	XXVIII	126 à 128	D°. — Exemples d'autres récepteurs utilisant l'eau fournie par les accumulateurs. — Disposition dite à double pouvoir.
XI	63 à 65	D°. — Autre type de roues à augets. — Figures géométriques diverses.	XXIX	129 à 136	Changement de marche pour les récepteurs hydrauliques. — *Pneumatique.* — Figures géométriques. — Moulins à vent divers.
XII	66 à 70	D°. — Divers types de roues à augets en dessus et de côté. — Tracés divers.	XXX	137	Suite de la Pneumatique. — Emploi de l'air comprimé. — Compresseur Sommeiller.
XIII	71 et 72	D°. — Roue de côté ordinaire. — Roue Sagebien.	XXXI	138	D°. — Compresseur Colladon.
XIV	72 à 76	D°. — Roue en dessous à palettes planes. — Roue en dessous à palettes courbes, ou à la Poncelet ; tracés relatifs au coursier de cette dernière roue.	XXXII	139 à 146	Emploi de la chaleur comme force motrice ; diagrammes divers sur l'emploi de la vapeur d'eau.
XV	77 à 79	D°. — Roue de côté mobile. — Roues pendantes ou flottantes.	XXXIII	147 à 154	Figures relatives à l'exposé de la théorie mécanique de la chaleur.
XVI	80 à 87	*Roues hydrauliques à axe vertical, ou turbines* — Tracés géométriques relatifs à la théorie générale de ces récepteurs. — Hydropneumatisation.	XXXIV	155 à 161	D°.
XVII	88	D°. — Turbine Fourneyron, type applicable à une basse chute.			
XVIII	89 à 92	D°. — Turbine Fourneyron pour haute chute. — Turbine P. Callon. — Mouvement de vanne de D. Girard et C. Callon.			

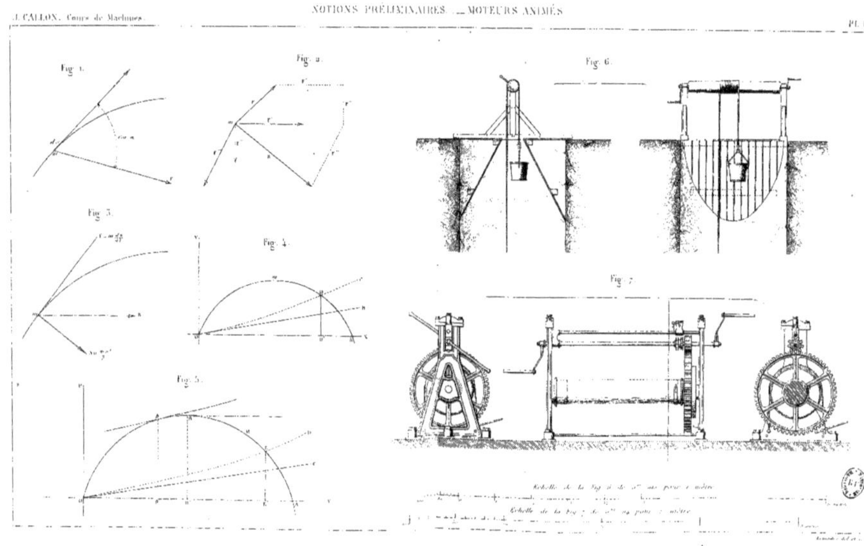

Fig. 1.
Fig. 2.
Fig. 3.
Fig. 4.
Fig. 5.
Fig. 6.
Fig. 7.

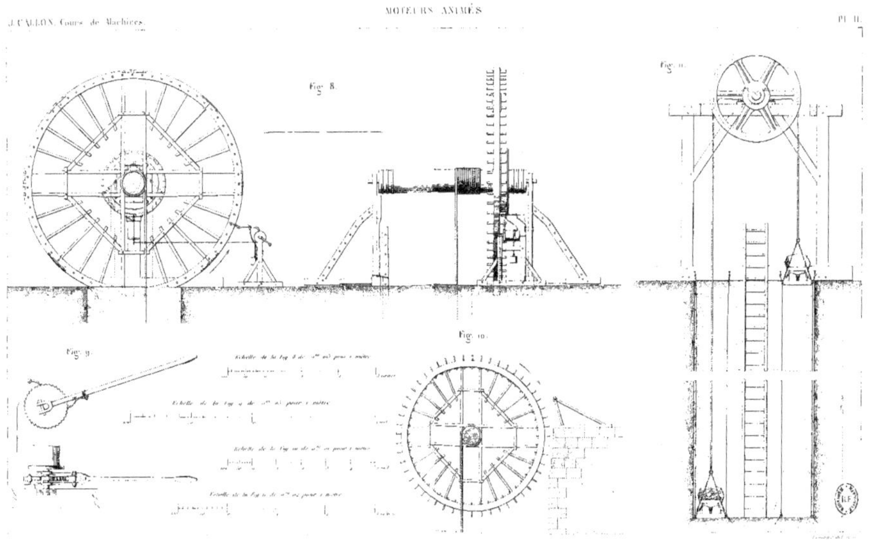
MOTEURS ANIMÉS
J. CALLON. Cours de Machines.
Pl. II.
Fig. 8.
Fig. 9.
Fig. 10.
Fig. 11.

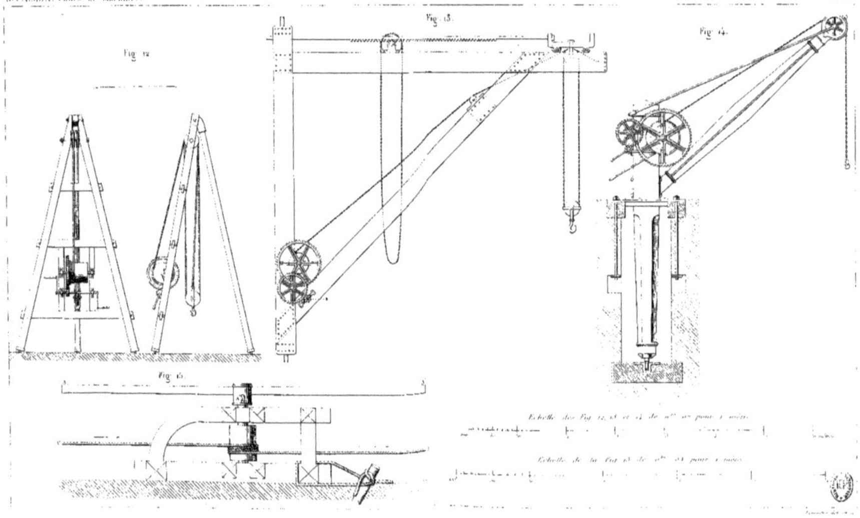

Fig. 12.

Fig. 13.

Fig. 14.

Fig. 15.

Échelle des Fig. 12, 13 et 14 de 0^m,01 pour 1 mètre.

Échelle de la Fig. 15 de 0^m,01 pour 1 mètre.

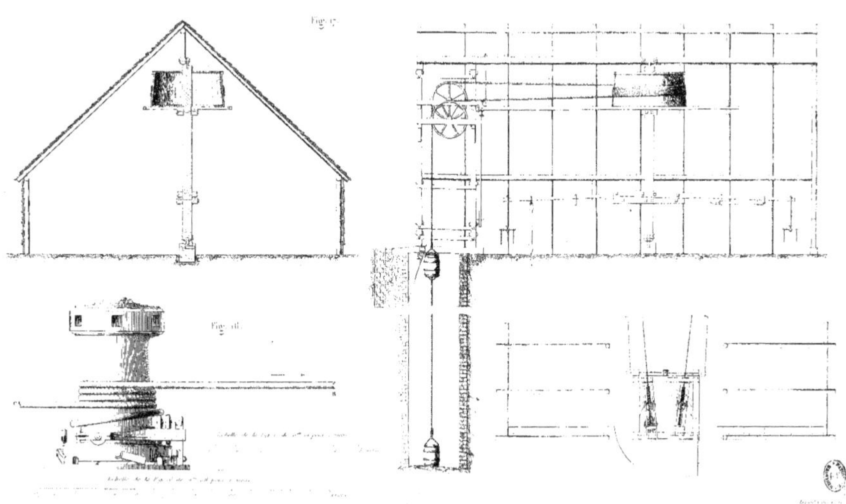
Fig. 17.
Fig. 18.

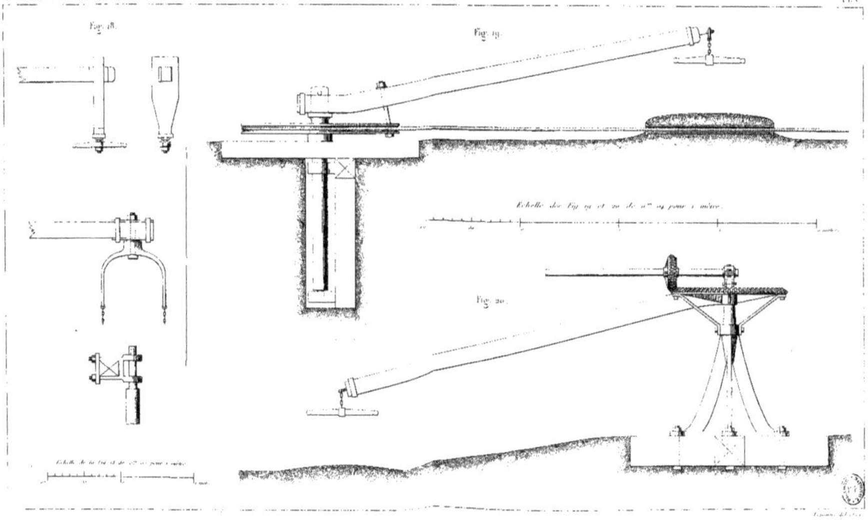

Fig. 18.

Fig. 19.

Fig. 20.

Échelle des Fig. 19 et 20 de 0,05 pour 1 mètre.

Échelle de la Fig. 18 de 0,10 pour 1 mètre.

Fig. 21.
Fig. 24.
Fig. 28.
Fig. 22.
Fig. 23.
Fig. 29.
Fig. 25.
Fig. 26.
Fig. 27.
Fig. 30.

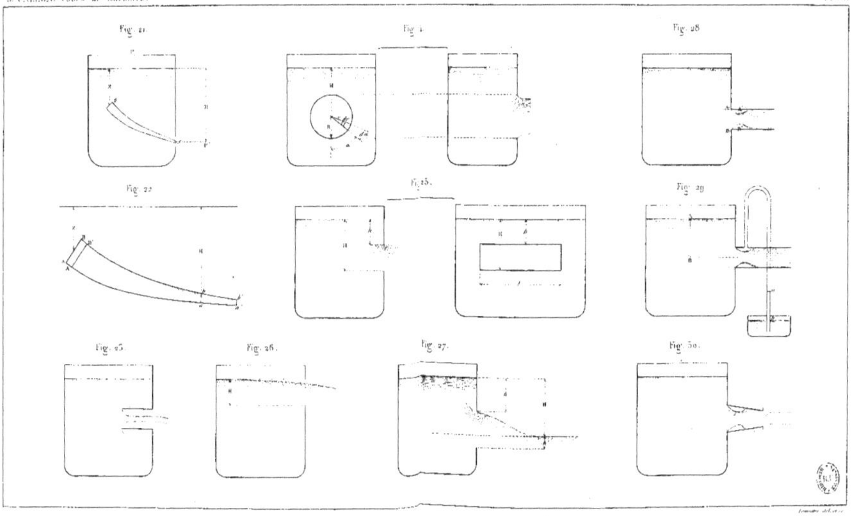

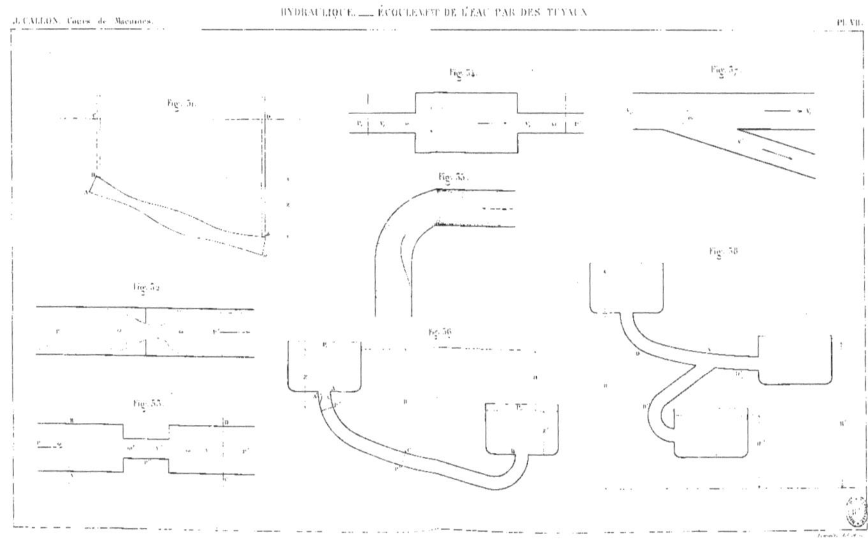
Fig. 51.
Fig. 52.
Fig. 53.
Fig. 54.
Fig. 55.
Fig. 56.
Fig. 57.
Fig. 58.

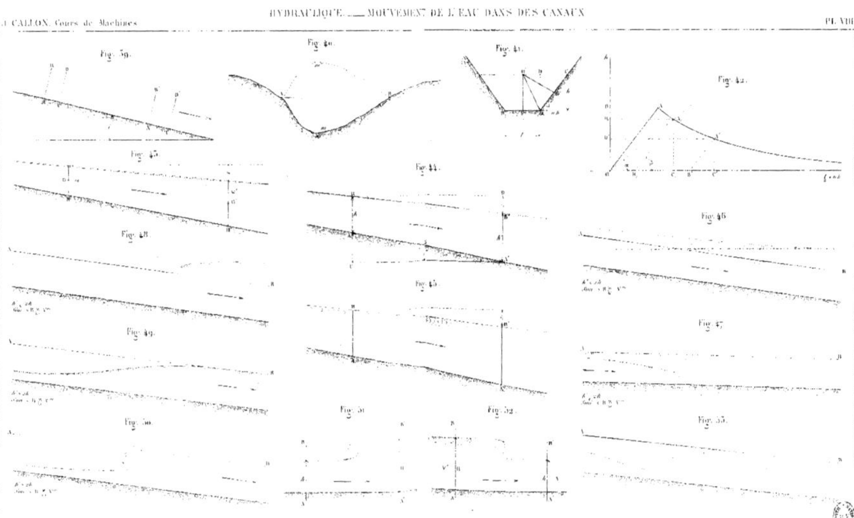
Fig. 39.
Fig. 40.
Fig. 41.
Fig. 42.
Fig. 43.
Fig. 44.
Fig. 45.
Fig. 46.
Fig. 47.
Fig. 48.
Fig. 49.
Fig. 50.
Fig. 51.
Fig. 52.
Fig. 53.

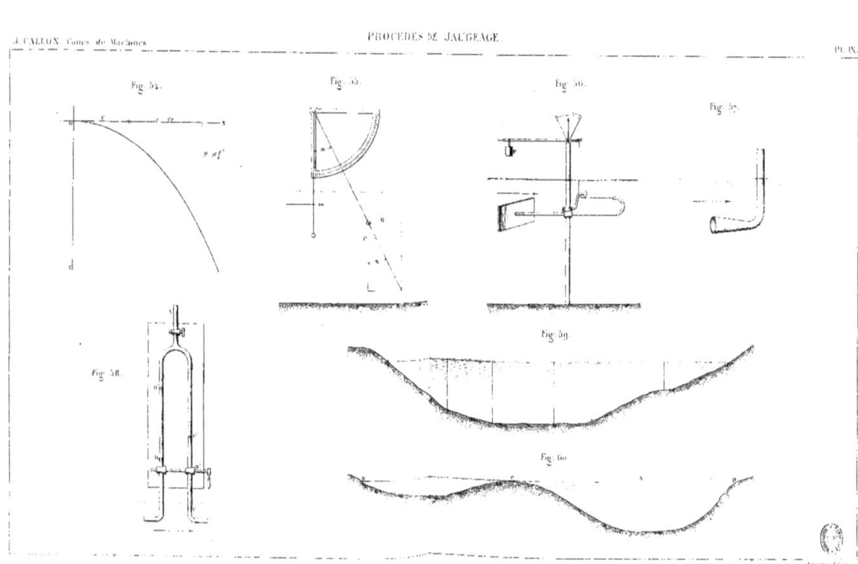

Fig. 54.
Fig. 55.
Fig. 56.
Fig. 57.
Fig. 58.
Fig. 59.
Fig. 60.

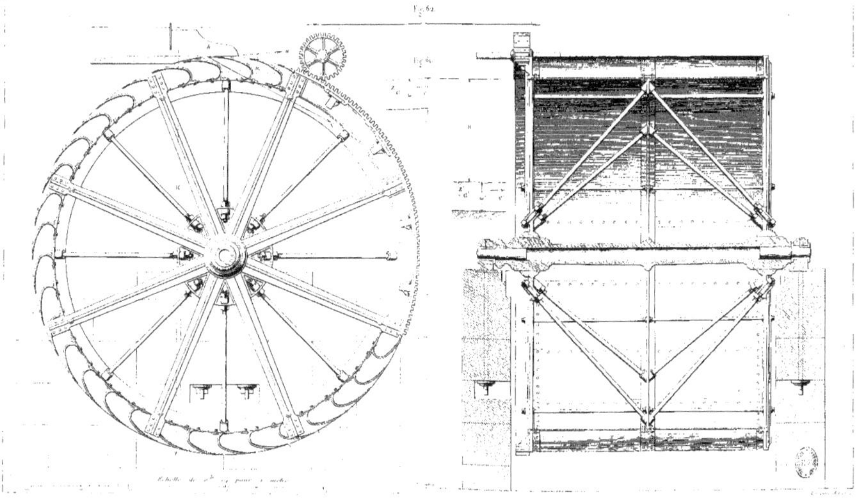

Fig. 62.
Fig. 63.
Échelle de om,05 pour 1 mètre.

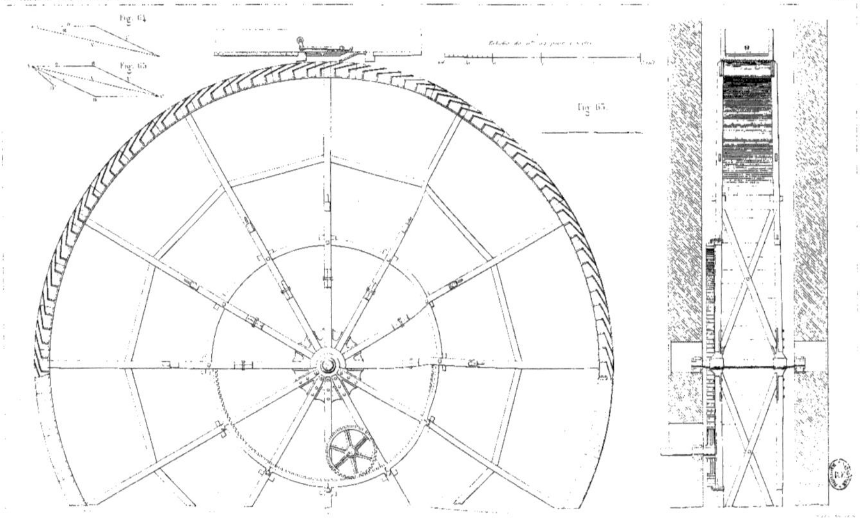

Fig. 64.

Fig. 65.

Fig. 67.

Échelle de 0^m,01 pour 1 mètre.

Échelle des fig.
Fig. 66
Fig. 68
Fig. 70.
Fig. 67.
Fig. 69

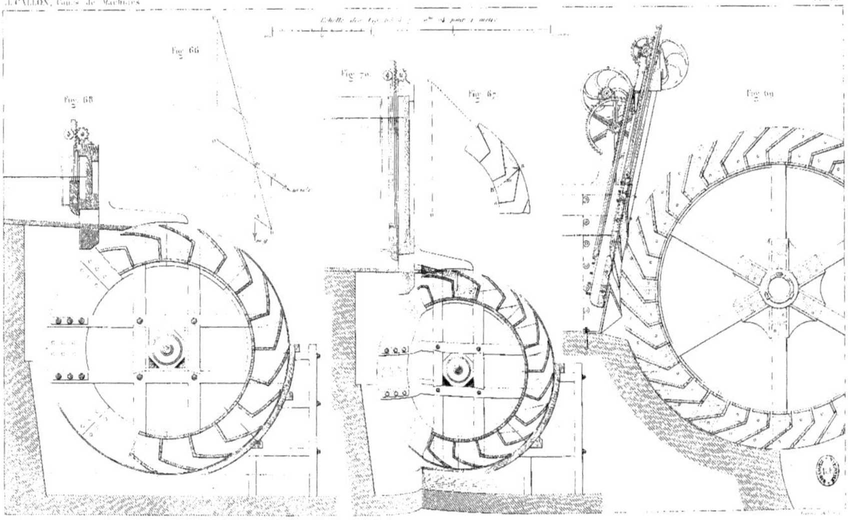

Fig. 73.

Fig. 74.

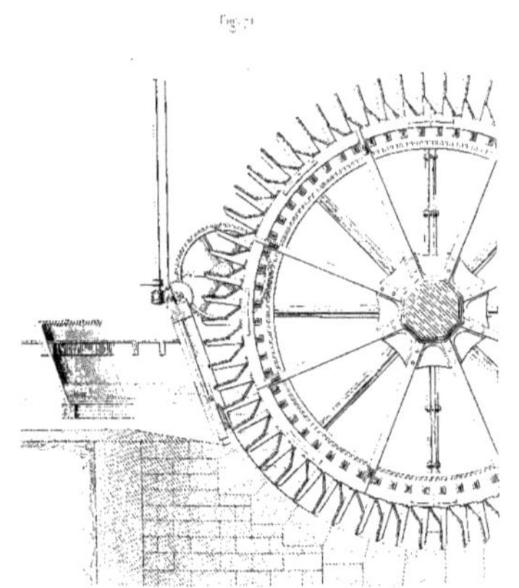

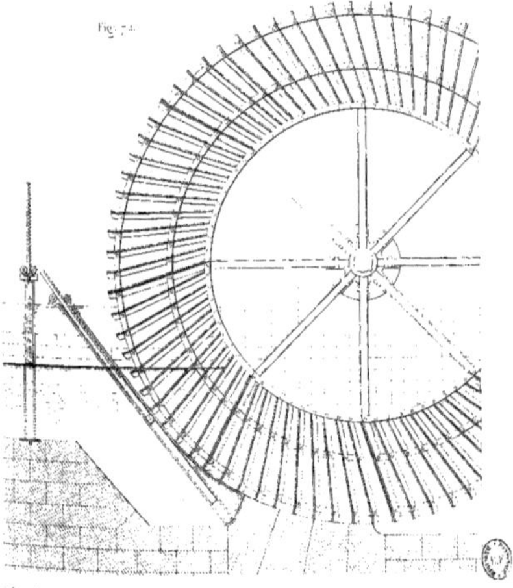

Échelle de 0ᵐ,01 pour 1 mètre.

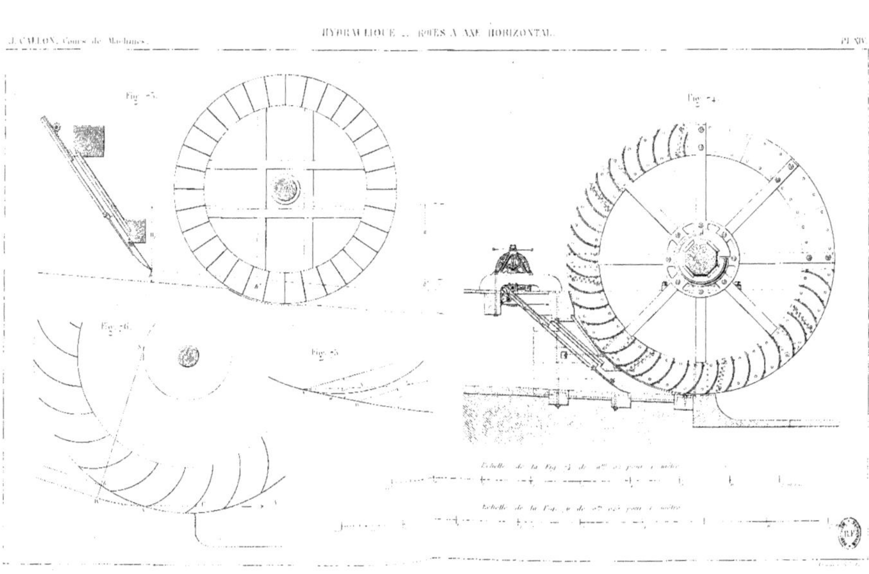

Fig. 3.
Fig. 4.
Fig. 6.
Fig. 5.
Echelle de la Fig. 3 de 0m,01 pour 1 mètre.
Echelle de la Fig. 4 de 0m,02 pour 1 mètre.

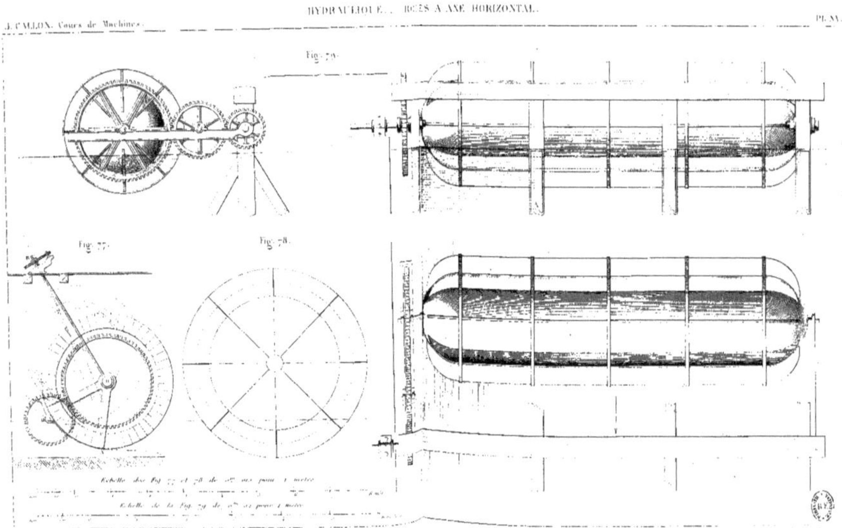

Fig. 76.
Fig. 77.
Fig. 78.
Fig. 79.
Echelle des Fig. 77 et 78 de 0,05 pour 1 mètre.
Echelle de la Fig. 79 de 0,05 pour 1 mètre.

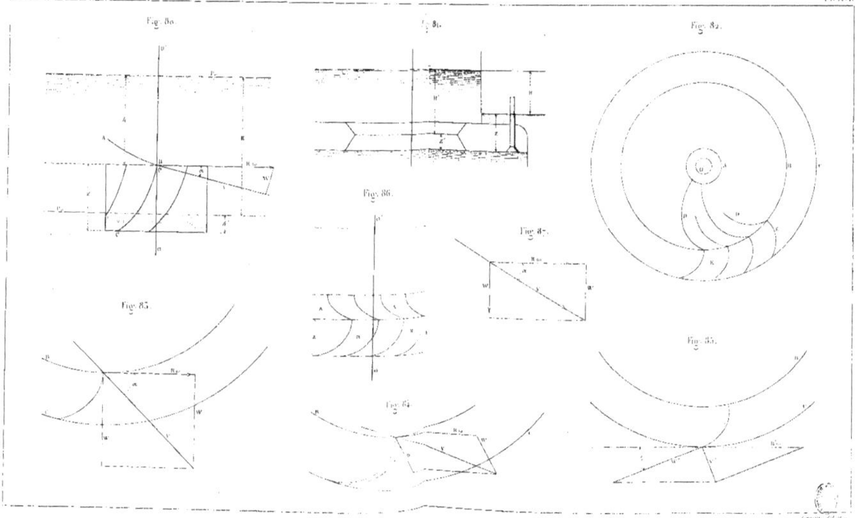

Fig. 80.

Fig. 81.

Fig. 82.

Fig. 83.

Fig. 84.

Fig. 85.

Fig. 86.

Fig. 87.

Fig. 88.

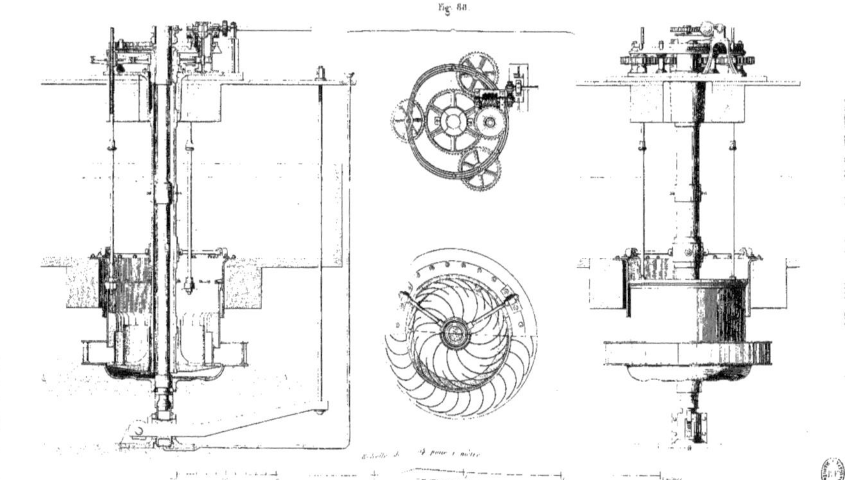

Fig. 89.

Fig. 92.

Fig. 91.

Fig. 90.

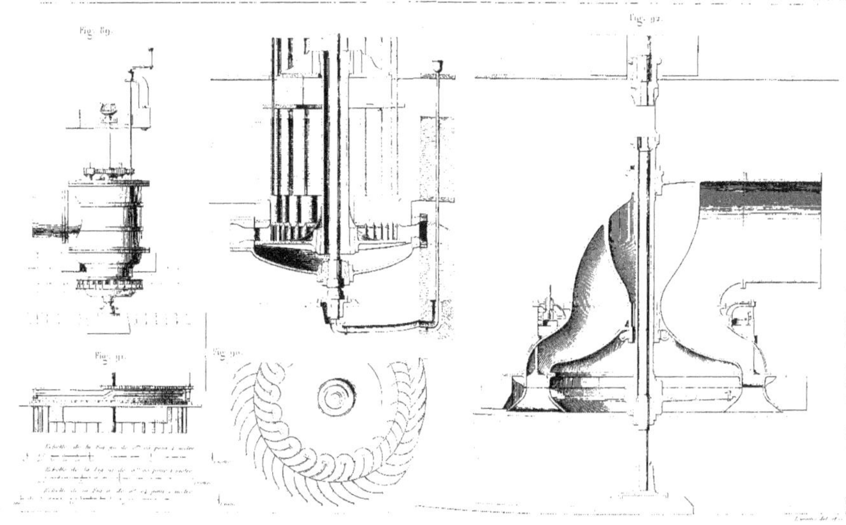

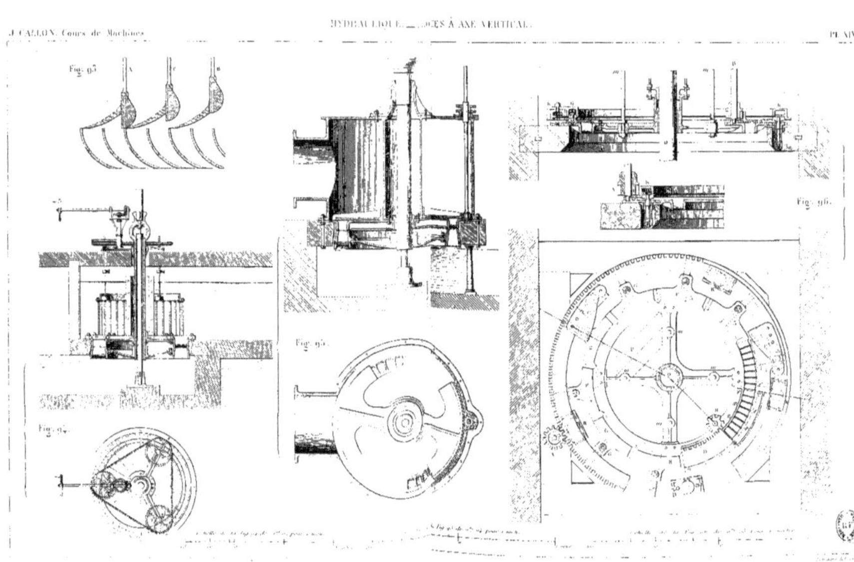
Fig. 93.
Fig. 95.
Fig. 96.
Fig. 94.

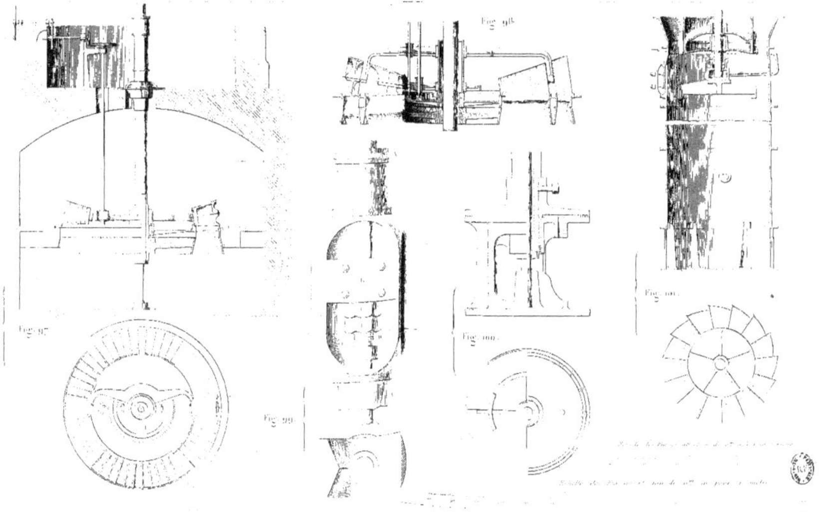

Fig. 97.

Fig. 98.

Fig. 99.

Fig. 100.

Fig. 101.

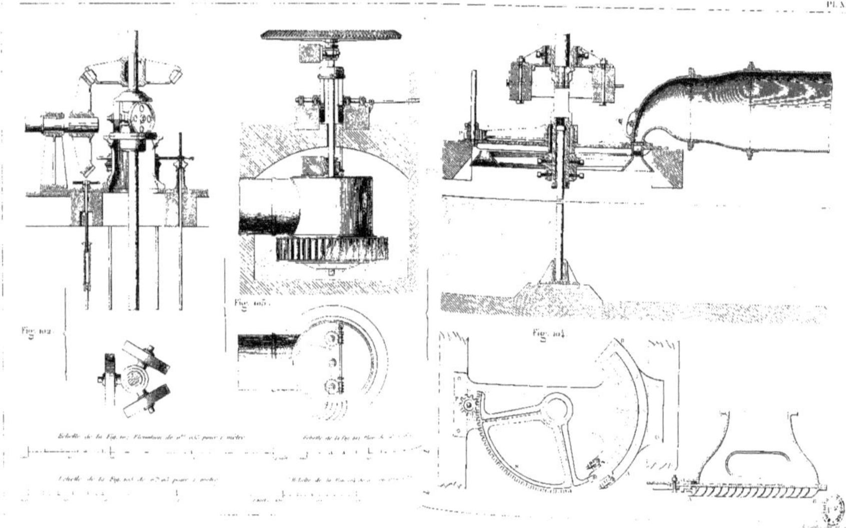

Fig. 102
Fig. 103
Fig. 104
Échelle de la Fig. 102 Élévation de 0m,05 pour 1 mètre
Échelle de la Fig. 103 Plan de 0m,05 pour 1 mètre
Échelle de la Fig. 104

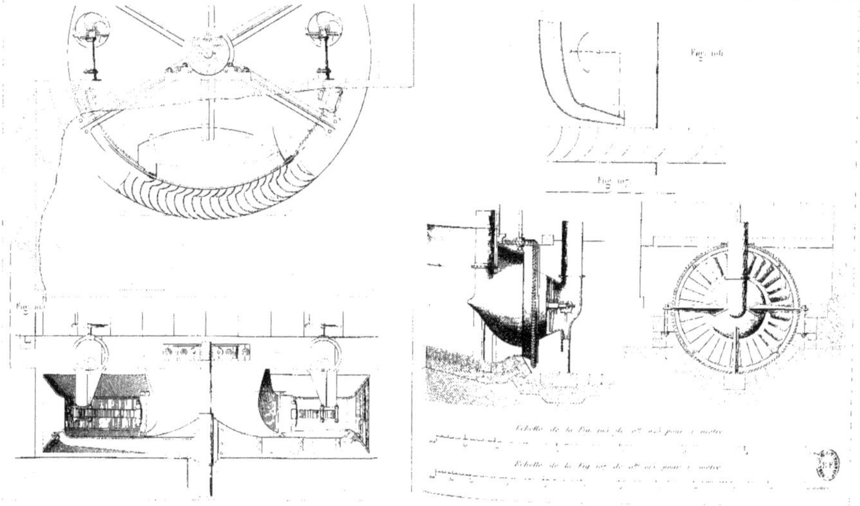

Fig. 105
Fig. 107
Echelle de la Fig. 105 de 0™,025 par 1 mètre.
Echelle de la Fig. 107 de 0™,05 par 1 mètre.

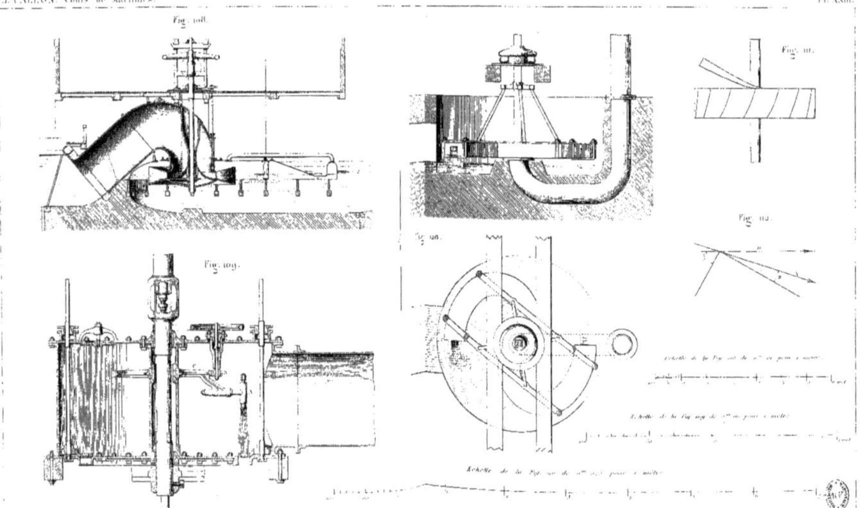

Fig. 108.
Fig. 111.
Fig. 112.
Fig. 110.
Fig. 109.

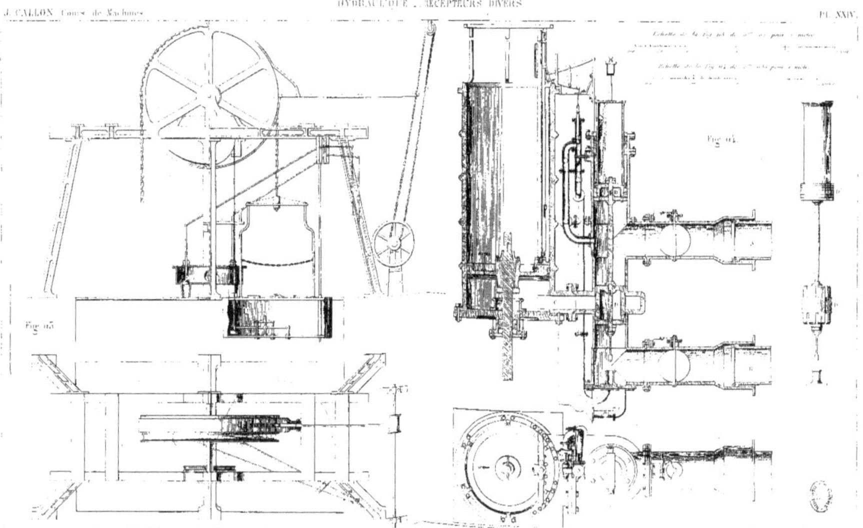
Échelle de la Fig. n.1 de 0.0 .. pour 1 mètre
Échelle de la Fig. n.4 de 0.0 .. pour 1 mètre
Fig. n.4
Fig. n.3

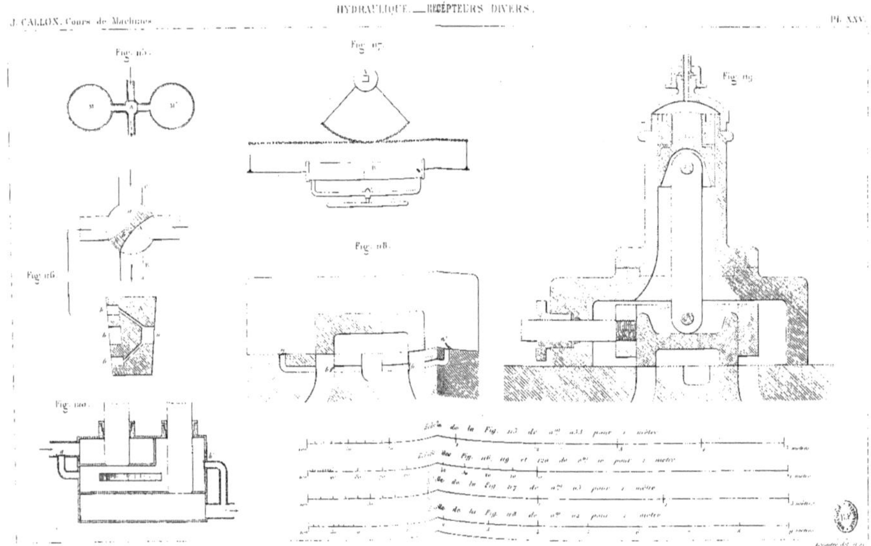
Fig. 115.
Fig. 117.
Fig. 119.
Fig. 116.
Fig. 118.
Fig. 120.

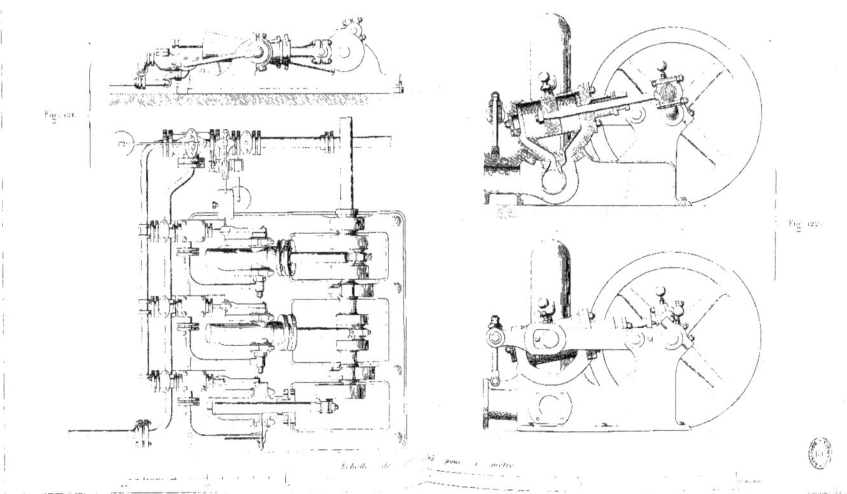

Fig. 121.
Fig. 122.
Échelle de   pour 1 mètre

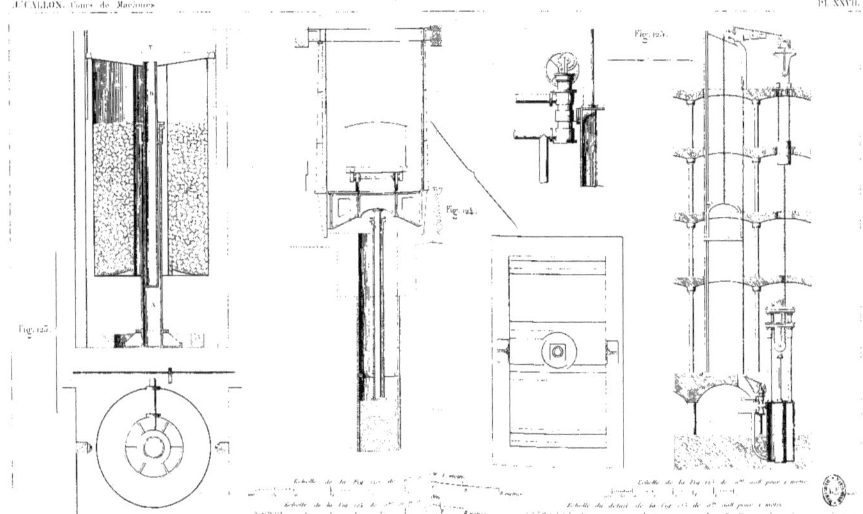
Fig. 123.
Fig. 124.
Fig. 125.
Échelle de la Fig. 123 de
Échelle de la Fig. 124 de
Échelle de la Fig. 125 de
Échelle du détail de la Fig. 125 de

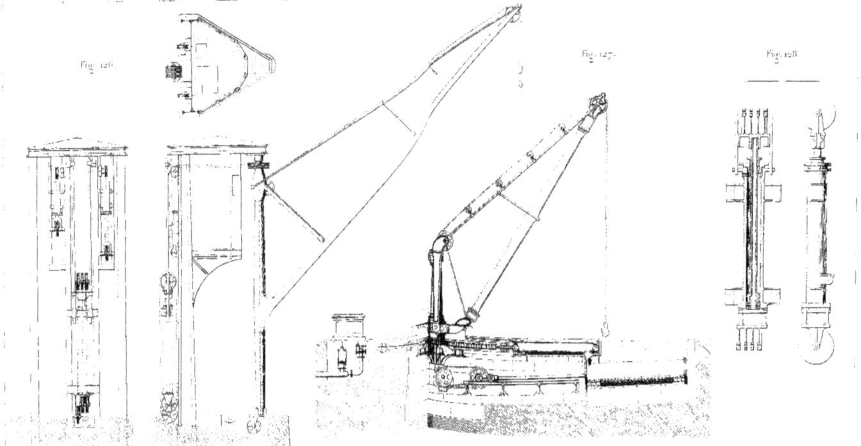

J. CALLON. Cours de Machines.

Fig. 126.

Fig. 127.

Fig. 128.

Échelle de la Fig. 126 de 0ᵐ,03 pour 1 mètre.

Échelle de la Fig. 127 de 0ᵐ,02 pour 1 mètre.

Échelle de la Fig. 128 de 0ᵐ,05 pour 1 mètre.

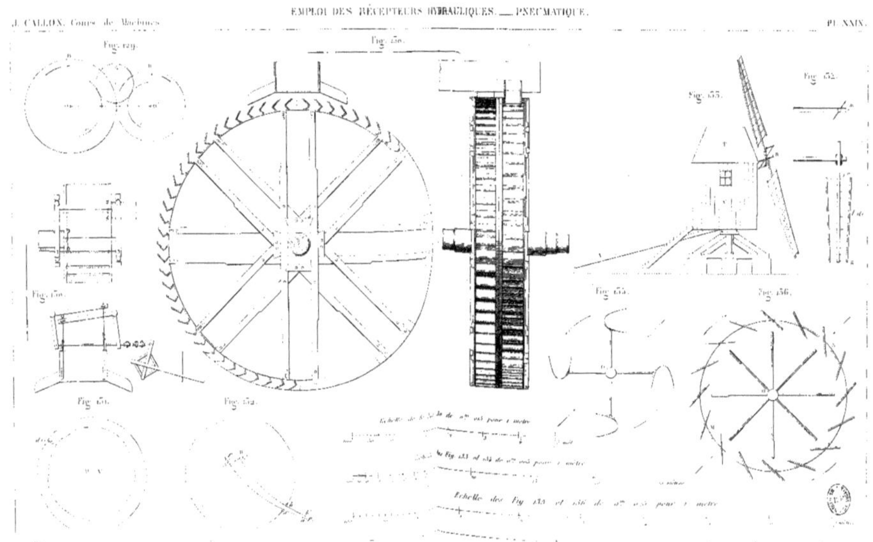

Fig. 129.
Fig. 130.
Fig. 131.
Fig. 132.
Fig. 133.
Fig. 134.
Fig. 135.
Fig. 136.
Échelle des Fig. 135 et 136 de 0m,05 pour 1 mètre.

Fig. 137.

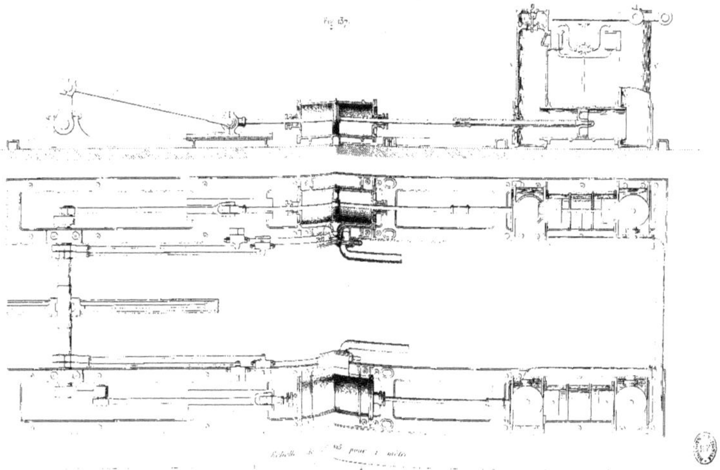

Échelle de 0,05 pour 1 mètre.

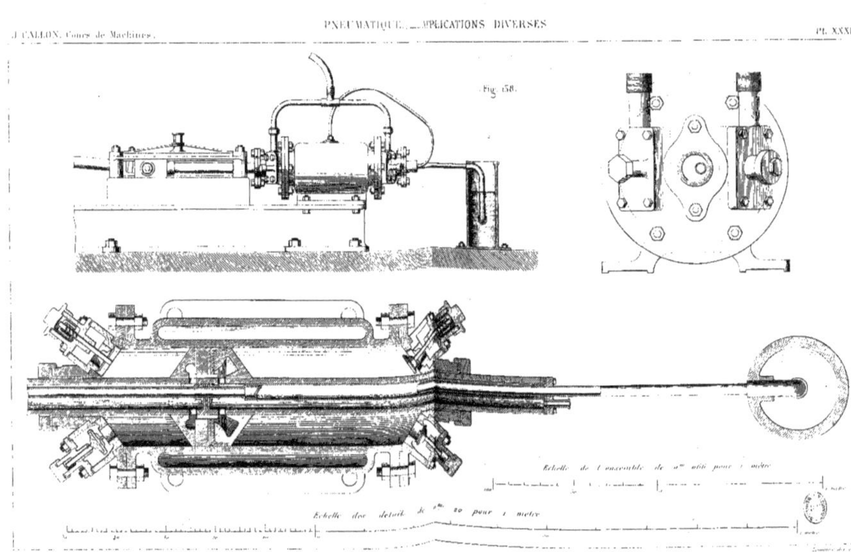
Fig. 158.
Echelle de l'ensemble de 0m 05 pour 1 mètre
Echelle des détails de 0m 10 pour 1 mètre

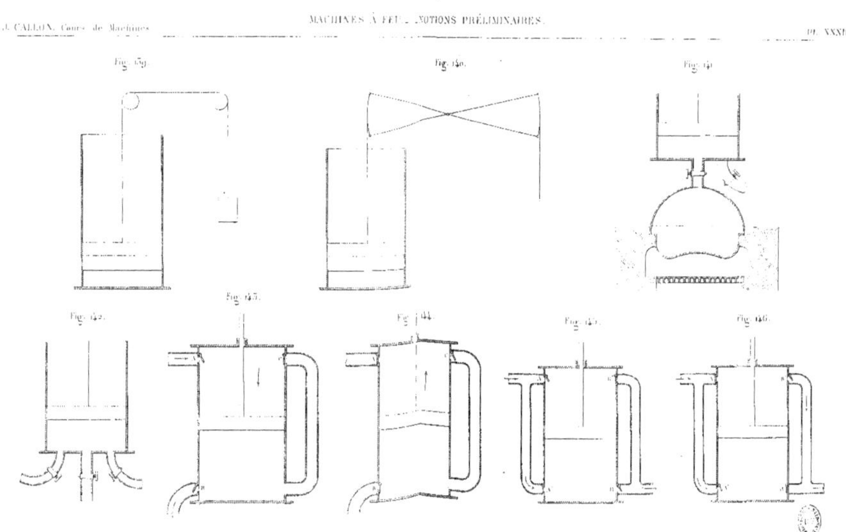

Fig. 139.
Fig. 140.
Fig. 141.
Fig. 142.
Fig. 143.
Fig. 144.
Fig. 145.
Fig. 146.

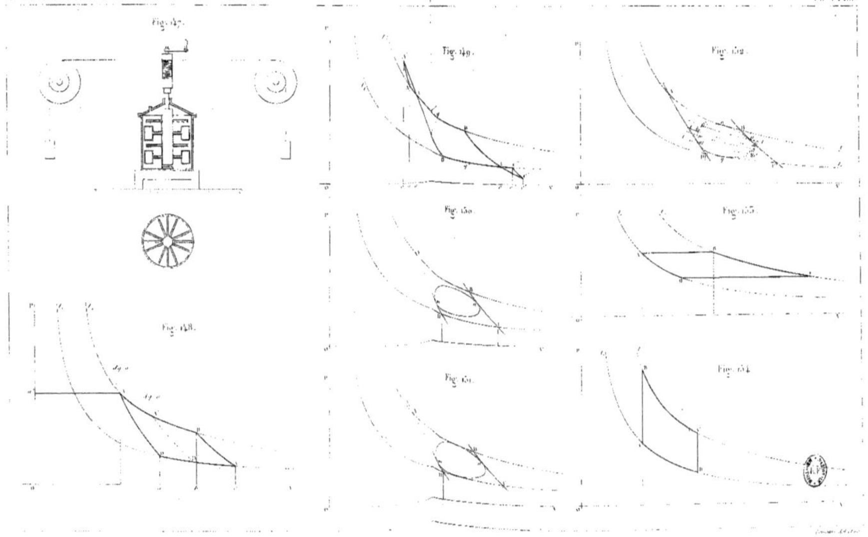

Fig. 147.

Fig. 148.

Fig. 149.

Fig. 150.

Fig. 151.

Fig. 152.

Fig. 153.

Fig. 154.

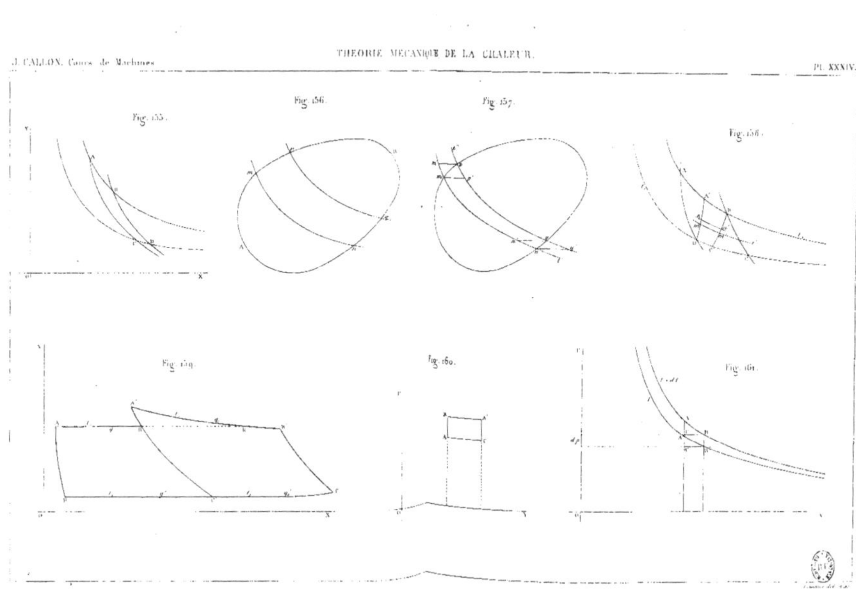

Fig. 155.
Fig. 156.
Fig. 157.
Fig. 158.
Fig. 159.
Fig. 160.
Fig. 161.